英国国家附件

Eurocode 7:
岩土工程设计

第2部分:岩土工程勘察和试验

NA to BS EN 1997-2:2007

[英] 英国标准化协会（BSI）

欧洲结构设计标准译审委员会 **组织翻译**

张朋举 高 德 吴圣陶 **译**

李 虎 门燕青 孙崇芳 **一审**

田行健 **二审**

人民交通出版社股份有限公司

北 京

版 权 声 明

本标准由英国标准化协会(BSI)授权翻译,授权号为2018ET0001。如对翻译内容有争议,以原英文版为准。人民交通出版社股份有限公司享有本标准在中国境内的专有翻译权、出版权并为本标准的独家发行商。未经人民交通出版社股份有限公司同意,任何单位、组织、个人不得以任何方式(包括但不限于以纸质、电子、互联网方式)对本标准进行全部或局部的复制、转载、出版或是变相出版、发行以及通过信息网络向公众传播。对于有上述行为者,人民交通出版社股份有限公司保留追究其法律责任的权利。

This translation of NA to BS EN 1997-2:2007 is reproduced with the permission of BSI Standards Limited under licence number 2018ET0001. In any cases of dispute the English original shall be taken as authoritative.

图书在版编目(CIP)数据

英国国家附件 Eurocode 7:岩土工程设计. 第2部分:岩土工程勘察和试验:NA to BS EN 1997-2:2007 / 英国标准化协会(BSI)组织编写;张朋举,高德,吴圣陶译. — 北京:人民交通出版社股份有限公司, 2019.11
ISBN 978-7-114-16220-6

Ⅰ.①英… Ⅱ.①英…②张…③高…④吴… Ⅲ.①岩土工程—建筑设计—建筑规范—英国 Ⅳ.①TU4

中国版本图书馆 CIP 数据核字(2019)第 295294 号

著作权合同登记号:图字01-2019-5909

Yingguo Guojia Fujian Eurocode 7:Yantu Gongcheng Sheji Di 2 Bufen:Yantu Gongcheng Kancha he Shiyan

书　　名:	英国国家附件 Eurocode 7:岩土工程设计　第2部分:岩土工程勘察和试验 NA to BS EN 1997-2:2007
著 作 者:	英国标准化协会(BSI)
译　　者:	张朋举　高　德　吴圣陶
责任编辑:	李　瑞
责任校对:	刘　芹
责任印制:	刘高彤
出版发行:	人民交通出版社股份有限公司
地　　址:	(100011)北京市朝阳区安定门外外馆斜街3号
网　　址:	http://www.ccpcl.com.cn
销售电话:	(010)85285911
总 经 销:	人民交通出版社股份有限公司发行部
经　　销:	各地新华书店
印　　刷:	北京虎彩文化传播有限公司
开　　本:	880×1230　1/16
印　　张:	1.75
字　　数:	33千
版　　次:	2019年11月　第1版
印　　次:	2024年11月　第2次印刷
书　　号:	ISBN 978-7-114-16220-6
定　　价:	40.00元

(有印刷、装订质量问题的图书,由本公司负责调换)

出 版 说 明

包括本标准在内的欧洲结构设计标准(Eurocodes)及其英国附件、法国附件和配套设计指南的中文版,是2018年国家出版基金项目"欧洲结构设计标准翻译与比较研究出版工程(一期)"的成果。

在对欧洲结构设计标准及其相关文本组织翻译出版过程中,考虑到标准的特殊性、用户基础和应用程度,我们在力求翻译准确性的基础上,还遵循了一致性和有限性原则。在此,特就有关事项作如下说明:

1. 本标准中文版根据英国标准化协会(BSI)提供的英文版进行翻译,仅供参考之用,如有异议,请以原版为准。

2. 中文版的排版规则原则上遵照外文原版。

3. Eurocode(s)是个组合再造词。本标准及相关标准范围内,Eurocodes特指一系列共10部欧洲标准(EN 1990~EN 1999),旨在为房屋建筑和构筑物及建筑产品的设计提供通用方法;Eurocode与某一数字连用时,特指EN 1990~EN 1999中的某一部,例如,Eurocode 8指EN 1998结构抗震设计。经专家组研究,确定Eurocode(s)宜翻译为"欧洲结构设计标准",但为了表意明确并兼顾专业技术人员用语习惯,在正文翻译中保留Eurocode(s)不译。

4. 书中所有的插图、表格、公式的编排以及与正文的对应关系等与外文原版保持一致。

5. 书中所有的条款序号、括号、函数符号、单位等用法,如无明显错误,与外文原版保持一致。

6. 在不影响阅读的情况下书中涉及的插图均使用英文原版插图,仅对图中文字进行必要的翻译和处理;对部分影响使用的英文原版插图进行重绘。

7. 书中涉及的人名、地名、组织机构名称以及参考文献等均保留外文原文。

特别致谢

本标准的译审由以下单位和人员完成。河南省交通规划设计研究院有限公司的张朋举、高德和吴圣陶承担了主译工作,济南轨道交通集团有限公司的李虎、门燕青、孙崇芳和中铁建工集团有限公司的田行健承担了主审工作。他(她)们分别为本标准的翻译工作付出了大量精力。在此谨向上述单位和人员表示感谢!

欧洲结构设计标准译审委员会

主 任 委 员：周绪红(重庆大学)
副主任委员：朱伽林(人民交通出版社股份有限公司)
　　　　　　杨忠胜(中交第二公路勘察设计研究院有限公司)
秘 书 长：韩　敏(人民交通出版社股份有限公司)
委　　　员：秦顺全(中铁大桥勘测设计院集团有限公司)
　　　　　　聂建国(清华大学)
　　　　　　陈政清(湖南大学)
　　　　　　岳清瑞(中冶建筑研究总院有限公司)
　　　　　　卢春房(中国铁道学会)
　　　　　　吕西林(同济大学)
　　　　　　(以下按姓氏笔画排序)
　　　　　　王　佐(中交第一公路勘察设计研究院有限公司)
　　　　　　王志彤(中国天辰工程有限公司)
　　　　　　冯鹏程(中交第二公路勘察设计研究院有限公司)
　　　　　　刘金波(中国建筑科学研究院有限公司)
　　　　　　李　刚(中国路桥工程有限责任公司)
　　　　　　李亚东(西南交通大学)
　　　　　　李国强(同济大学)
　　　　　　吴　刚(东南大学)
　　　　　　张晓炜(河南省交通规划设计研究院股份有限公司)
　　　　　　陈宝春(福州大学)
　　　　　　邵长宇[上海市政工程设计研究总院(集团)有限公司]
　　　　　　邵旭东(湖南大学)
　　　　　　周　良[上海市城市建设设计研究总院(集团)有限公司]
　　　　　　周建庭(重庆交通大学)
　　　　　　修春海(济南轨道交通集团有限公司)
　　　　　　贺拴海(长安大学)
　　　　　　黄　文(航天建筑设计研究院有限公司)
　　　　　　韩大章(中设设计集团股份有限公司)
　　　　　　蔡成军(中国建筑标准设计研究院)
秘书组组长：孙　玺(人民交通出版社股份有限公司)
秘书组副组长：狄　谨(重庆大学)
秘书组成员：李　喆　卢俊丽　李　瑞　李　晴　钱　堃
　　　　　　岑　瑜　任雪莲　蒲晶境(人民交通出版社股份有限公司)

欧洲结构设计标准译审委员会总体组

组　　长：余顺新（中交第二公路勘察设计研究院有限公司）
成　　员：（按姓氏笔画排序）
　　　　　王敬烨（中国铁建国际集团有限公司）
　　　　　车　轶（大连理工大学）
　　　　　卢树盛［长江岩土工程总公司（武汉）］
　　　　　吕大刚（哈尔滨工业大学）
　　　　　任青阳（重庆交通大学）
　　　　　刘　宁（中交第一公路勘察设计研究院有限公司）
　　　　　宋　婕（中国建筑标准设计研究院）
　　　　　李　顺（天津水泥工业设计研究院有限公司）
　　　　　李亚东（西南交通大学）
　　　　　李志明（中冶建筑研究总院有限公司）
　　　　　李雪峰［上海市城市建设设计研究总院（集团）有限公司］
　　　　　张　寒（中国建筑科学研究院有限公司）
　　　　　张春华（中交第二公路勘察设计研究院有限公司）
　　　　　狄　谨（重庆大学）
　　　　　胡大琳（长安大学）
　　　　　姚海冬（中国路桥工程有限责任公司）
　　　　　徐晓明（航天建筑设计研究院有限公司）
　　　　　郭　伟（中国建筑标准设计研究院）
　　　　　郭余庆（中国天辰工程有限公司）
　　　　　黄　侨（东南大学）
　　　　　谢亚宁（中设设计集团股份有限公司）
秘　　书：李　喆（人民交通出版社股份有限公司）
　　　　　卢俊丽（人民交通出版社股份有限公司）

国家附件

NA to BS EN 1997-2:2007

英国国家附件

Eurocode 7:
岩土工程设计

第2部分:岩土工程勘察和试验

ICS 91.010.30, 93.020

除版权法允许外,未经英国标准化协会(BSI)许可,不得复制

出版和版权信息

本国家附件中的英国标准化协会(BSI)版权信息标明本附件的最新发布时间。

© BSI 2009

ISBN 978 0 580 69457 8

ICS 91.010.30, 93.020

与本国家附件有关的BSI参考文件如下：

委员会参考文件 B/526/3

征求意见稿 09/30128274 DC

版次

2009年12月　第1版

自发布以来提出的修订

日期	受影响的文本

目　次

引言 …………………………………………………… 1
NA.1　范围 …………………………………………… 1
NA.2　国家定义参数 ………………………………… 1
NA.3　关于使用资料性附录的决定 ………………… 2
NA.4　非矛盾性补充信息的参考文献 ……………… 9
NA.5　参考文献 ……………………………………… 9

国家附件(资料性) BS EN 1997-2:2007
Eurocode 7:岩土工程设计
第 2 部分:岩土工程勘察和试验

引言

本国家附件由场地勘察和岩土试验分委员会 B/526/3 编制。在英国,本附件需与 BS EN 1997-2:2007,Eurocode 7:岩土工程设计 第 2 部分:岩土工程勘察和试验配合使用。

NA.1 范围

BS EN 1997-2:2007 中没有国家定义参数。本国家附件中包含 BS EN 1997-2:2007 在英国应用时的所有信息。

本国家附件包括的内容如下:

a)在英国关于使用 BS EN 1997-2:2007 资料性附录的决定;

b)非矛盾性补充信息的参考文献。

NA.2 国家定义参数

本国家附件无国家定义参数。

BS EN 1997-2:2007 涵盖了场地勘察的规划、实施和报告。宜与如 BS 5930:1999 + A1 和 BS 1377(第 1～9 部分)等补充文件配合使用。

欧洲标准化委员会(CEN)ISO/TS 是技术规范文件,不是正式标准。

DD CEN ISO/TS 22475-2 和 DD CEN ISO/TS 22475-3 所述方法宜遵循英国工程实践(见 BS EN 1997-2:2007,1.2 注)。

在英国,室内试验应继续根据 BS 1377 相关部分进行。DD CEN ISO/TS 17892-6 是英国唯一使用的 17892 系列室内试验标准;英国未使用其他 CEN ISO/TS 17892 标准。BS EN 1997-2:2007 参考了 CEN ISO/TS 17892 的情况下,拟用的 BS 1377 部分见表 NA.1。

本国家附件不包括全面的交叉引用或与国家标准的比较。

在设计勘察方案前,应在内业分析工作中评估可获得的信息和文件,内业分析工作还应利用其他地方相同或类似地质的经验。每一个勘察计划都需要进行内业分析,但是内业分析的规模和范围是根据项目和岩土条件的不同而变化的。

BS EN 1997-2:2007 附录给出了一个项目建议的最少室内试验次数。宜根据先前经历减少试验次数。相关经验应包含在岩土工程勘察报告(GIR)中。

表 NA.1 BS EN 1997-2:2007 第 5 章参考的 CEN ISO/TS 17892 部分

BS EN 1997-2:2007 子条款	BS EN 1997-2:2007 中的参考文件	在英国使用的参考文件
5.5.1 (1) 注	BS EN 1997-2:2007 附录 M	见 NA.3.14 中附录 M 的英国注
5.5.3.1 (3) 注	CEN ISO/TS 17892-1	使用 BS 1377-2:1990 + A1,条款 3
5.5.4.1 (3) 注	CEN ISO/TS 17892-2	使用 BS 1377-2:1990 + A1,条款 7
5.5.5.1 (2) 注	CEN ISO/TS 17892-3	使用 BS 1377-2:1990 + A1,条款 8
5.5.6.1 (1) 注	CEN ISO/TS 17892-4	使用 BS 1377-2:1990 + A1,条款 9
5.5.7.1 (5) 注	CEN ISO/TS 17892-12	使用 BS 1377-2:1990 + A1,条款 5
5.8.4.1 (2) 注	CEN ISO/TS 17892-7	使用 BS 1377-7:1990 + A1,条款 7
5.8.5.1 (3) 注	CEN ISO/TS 17892-8	使用 BS 1377-7:1990 + A1,条款 8
5.8.6.1 (1) 注	CEN ISO/TS 17892-9	使用 BS 1377-7:1990 + A1,所有条款
5.8.7.1 (1) 注	CEN ISO/TS 17892-10	使用 BS 1377-7:1990 + A1,条款 4
5.8.7.1 (1) 注 1	CEN ISO/TS 17892-5	使用 BS 1377-5:1990 + A1,条款 3

NA.3 关于使用资料性附录的决定

NA.3.1 一般规定

BS EN 1997-2:2007 附录给出了试验结果应用于设计的示例。这些相关性和设计建议作为辅助的背景材料使用。也可以使用备选的相关性和设计程序。一系列试验的结果可用于导出参数和输入,根据场地、岩土条件和工程问题进行设计。应在 GIR 中解释试验结果的参数导出值。应在岩土工程设计报告(GDR)中给出如何在设计中判断试验结果和导出值。

BS EN 1997-2:2007 涉及附录在正文中的注应结合 NA.3.2 至 NA.3.25 中使用。

NA.3.2 岩土工程试验标准的试验结果汇总表
[BS EN 1997-2:2007,附录 A]

可使用附录 A。

NA.3.3 岩土工程勘察规划
[BS EN 1997-2:2007,附录 B]

附件 B 可与以下段落结合使用。

附录 B 的建议并非完整详尽,应视为最低要求。只有在对场地或地质构造条件有足够的先前经验的情况下,才可能放宽附录 B 中的要求。根据先前经验放宽附录 B 中的要求时,GIR 中宜报告所依据经验。

NA.3.4 基于模型和长期观测的地下水压力推导示例
[BS EN 1997-2:2007,附录 C]

不宜使用附件 C。地下水条件的勘察宜按照 BS EN ISO 22475-1 的相关要求进行。

NA.3.5 静力触探试验及孔压静力触探试验
[BS EN 1997-2:2007,附录 D]

附录 D 可根据 NA.3.1 的一般要求使用。

对于静力触探试验(CPT)和孔压静力触探试验(CPTU),新的欧洲及国际标准尚未发布,试验宜按照 BS 1377-9:1990 + A2 和 BS 5930:1999 + A1 中 26.3.3 条及国际试验程序(ISSMGE)[1]进行。

关于 CPT/CPTU 试验使用的更详细的论述可参考 Lunne 等[2]。

NA.3.6 旁压试验
[BS EN 1997-2:2007,附录 E]

可使用附录 E,但仅适用于梅纳旁压仪,且根据 NA.3.1 的一般要求使用。

对于不同旁压试验,新的欧洲及国际标准尚未发布,可使用 BS 5930:1999 + A1 中 25.7 的指导进行。

有关旁压试验使用的更多细节在 Clark[3]及 Baguelin 等[4]中给出。

NA.3.7 标准贯入试验

[BS EN 1997-2:2007,附录 F]

附录 F 可根据 NA.3.1 的一般要求使用。

标准贯入试验结果(SPTs)应标在钻孔记录中,且不经修正。

除非受到明显干扰,钻孔记录中的相对密度描述也宜基于未经修正的 SPT N 值,使用 BS 5930:1999 + A1 表 13 中的密度分类。

更多详细试验技术可参考 BS 5930:1999 + A1、Hepton 和 Gosling[5]以及 Clayton[6]有关试验结果的运用。

注:普遍认为很难量测到满足公差要求的钻杆垂直度。在水平面上转动钻杆将会凸显其所有挠曲,可能导致钻杆不满足要求。有必要采用最可行的方法测量钻杆的垂直度,并记录所采用的测量方法。

NA.3.8 圆锥动力触探试验

[BS EN 1997-2:2007,附录 G]

附录 G 可根据 NA.3.1 的一般要求使用。

所给相关性尚未在英国条件下得到证明。

NA.3.9 重力探测试验(WST)

[BS EN 1997-2:2007,附录 H]

不宜使用附录 H。

NA.3.10 现场十字板剪切试验

[BS EN 1997-2:2007,附录 I]

附录 I 可根据 NA.3.1 的一般要求使用。

EN ISO 22476-9 正在编制中,尚未发布,因此宜使用 BS 1377-9:1990 + A2 中 4.4 的指导。

将十字板剪切试验结果标于钻孔记录时,宜记录在十字板剪切试验过程中测得的未经修正的抗剪强度值。采用的修正宜在 GIR 中说明。

有关现场十字板剪切试验结果运用的更多信息可参考 Menzies 和 Simons[7]以及 Clayton 等[8]。

NA.3.11 扁铲侧胀(DMT)试验中有关 E_{oed} 与试验结果的相关性示例
[BS EN 1997-2:2007,附录 J]

附录 J 可根据 NA.3.1 的一般要求使用。

扁铲侧胀仪(DMT)在英国应用不多,但在全球广泛使用。DD CEN ISO/TS 22476-11 中给出了关于扁铲侧胀试验的基本试验指导,Marchetti 等[9]则给出了更为全面的试验指导。

NA.3.12 平板载荷试验
[BS EN 1997-2:2007,附录 K]

附录 K 可根据 NA.3.1 的一般要求使用。

由于尚无相应标准,宜根据 BS 1377-9:1990 + A2 进行试验。BS 5930:1999 + A1 中 25.6 包含关于试验及其限制的一般性指导,同时包含其在钻孔中的应用。BS 1377-9:1990 + A2 中 4.1.2d,提供了承压板尺寸选择的指导。

NA.3.13 试验土样制备的详细信息
[BS EN 1997-2:2007,附录 L]

不宜采用附录 L,宜采用 BS 1377-1:1990 + A1 代替。

NA.3.14 土的分类、鉴定和描述试验的详细信息
[BS EN 1997-2:2007,附录 M]

不宜使用附录 M。

宜根据 BS 1377-1:1990 + A1 及 BS 1377-2:1990 + A1 进行试验。Head [10]、Head 及 Keeton [11](或之前版本)提供了更详尽的信息。也可利用现代粒径分析方法,这些方法通过 X 射线、激光束、密度测量和颗粒计数器等探测系统进行,上述方法宜针对标准试验方法进行校准。冻胀敏感性测定应按照 BS 812-124 所列方法进行。

BS EN 1997-2:2007 中土的分类试验一览表见表 NA.2。

表 NA.2 土的分类试验一览表

分类试验	一 览 表
含水率	检查样本的储存方法; 与其他分类试验的协调试验方案; 标准烘干方法不适用于在标准烘干温度下会结晶失水的矿物,例如石膏及黏土矿物埃洛石。此时可采用较低的烘干温度; 报告是否存在石膏; 对粗粒土,可能需要对实测含水率进行修正; 盐渍土所需进行的修正

表 NA.2（续）

分类试验	一 览 表
体积密度	需选择试验方法； 检查所用的取样和处理方法； 对大型土方工程项目，可能需要调整方法，或使用现场方法； 对砂及砾石，现场相对密度由未经修正的标准贯入试验确定（SPT试验 N 值）
颗粒密度	试验通常采用烘干后的试样。如果矿物中存在结晶失水时，可调低烘干温度； 检查试样材料是否存在封闭孔隙。对此类材料可进行研磨等相应的特殊处理； 报告材料是否含有封闭孔隙； 对不同颗粒密度宜采用不同粒组分开试验； 如试验结果超出常规值范围，应考虑进行附加测定。矿物和有机质含量会影响结果
颗粒粒径分析	根据颗粒粒径及级配选择试验方法； 有机物会影响试验结果；对于此类材料，应根据需要去除有机物，或者调整试验方法； 检查是否采用正确的四分法（确保颗粒粒径和试样具有代表性）； 烘干法可能改变某些土类的性质，若存在上述情况，不应烘干土样，应采用试样质量代替含水率计算土样干质量
稠度界限（阿太堡界限）	对于液限试验方法的选择：有数种方法可用，但推荐使用落锥法； 检查样本的储存方法； 尽可能采用天然状态试样进行试验； 采用风干时，应对风干方法进行说明； 检查试样制备，尤其是试样的混合及其均匀程度； 检查是否进行干燥处理； 干燥处理会显著地影响试验结果，除非试样含水率非常高，否则应避免干燥处理。避免对样本进行烘干； 易氧化土样应尽快试验； 触变性土的试验结果不一定可靠
粗粒土的相对密度	检查样本的储存方法； 选择拟用试验类型； 结果取决于所使用的程序； 制备的试样具有较高的不均匀性
土的分散	需为试样指定不同的击实条件； 避免在试验前干燥试样； 需选择所用试验程序； 需另外进行土的分类试验

NA.3.15 土化学试验的详细信息

[BS EN 1997-2:2007，附录 N]

NA.3.15.1 一般规定

除 pH 值测定（酸碱度）用 N.5 外，不可使用附录 N。结合 NA.3.15.2 至 NA.3.15.6 所述信息，使用 BS 1377-3 中的相应方法。

试验前的储存温度会影响有机物的生物降解或硫化物矿物的氧化。对于化学试验,样本材料应尽可能在5℃到10℃温度条件下储存。应限定取样与试验之间的时间间隔,以减小发生化学变化的可能性。

NA.3.15.2 有机质含量测定

宜按 BS 1377-3 所述方法制备试样。宜按 BS 1377-3 要求进行提取物分析。有机物含量也可采用现代分析方法,例如采用总有机物分析仪;上述方法应针对标准试验方法进行校准。试验结果宜按 BS 1377-3 要求以土样的有机物含量百分比进行表示。

NA.3.15.3 碳酸盐含量测定

宜按 BS 1377-3 所述方法制备试样。宜按 BS 1377-3 要求进行提取物分析。也可利用碳酸盐含量的现代分析方法,例如热重分析和 X 射线衍射(XRD),上述方法应针对标准试验方法进行校准。试验结果宜按 BS 1377-3 要求以土样的 CO_2 含量百分比进行表示。

NA.3.15.4 硫酸盐含量测定

使用 BRE[12]选择合适的试验方法测定硫酸盐含量,硫酸盐含量用以选择合适的水泥类型或者调查其可能对混凝土的影响。提取物按 BS 1377-3 所述方法制备。按 BS 1377-3 所述方法进行提取物分析量测(重量法或离子交换法)。也可利用结合探测系统的现代的分析方法(色谱分析或光谱分析);应按 BS1377-3 中的方法来对上述方法进行验证。按 BS 1377-3 所述格式表示试验结果:

- 土总硫酸根含量(酸提取):SO_4 精确至 0.01%;
- 2:1 水提取硫酸根:SO_4 精确至 0.01g/L;
- 地下水:SO_4 精确至 0.01g/L。

NA.3.15.5 pH 值测定

可使用 BS EN 1997-2:2007 中附录 N.5。

NA.3.15.6 氯化物含量

制备酸溶性及水溶性氯化物土样时,宜按照 BS 1377-3 所述方法进行。可按 BS 1377-3 所述方法进行提取物分析量测。也可利用先进的结合探测系统的分析方法(色谱分析或光谱分析);宜按 BS1377-3 中的方法来对上述方法进行验证。按

BS 1377-3 所述格式表示试验结果,氯化物百分比精确至 0.01%。

NA.3.16 土强度指标试验的详细信息

[BS EN 1997-2:2007, 附录 O]

可使用附录 O。

NA.3.17 土强度试验的详细信息

[BS EN 1997-2:2007, 附录 P]

可使用附录 P。所用试验步骤宜按照 BS 1377-7:1990 + A1 进行。

NA.3.18 土压缩试验的详细信息

[BS EN 1997-2:2007, 附录 Q]

可使用附录 Q。所用试验步骤宜按照 BS 1377-5:1990 + A1 进行。体积压缩系数 m_v 宜表示为压缩模量 E_{oed} 的倒数。

NA.3.19 土击实试验的详细信息

[BS EN 1997-2:2007, 附录 R]

可使用附录 R。所用试验步骤宜按照 BS 1377-4:1990 + A2 进行。

NA.3.20 土渗透试验的详细信息

[BS EN 1997-2:2007, 附录 S]

可使用附录 S。所用试验步骤宜按照 BS 1377-5:1990 + A1 及 BS 1377-6:1990 + A1 进行。

NA.3.21 岩石试样的制备

[BS EN 1997-2:2007, 附录 T]

可使用附录 T。所用试验步骤宜按照 ISRM[13]或所要求的 ASTM D 4543-08[14]进行。

NA.3.22 岩石分类试验

[BS EN 1997-2:2007, 附录 U]

可使用附录 U。所用试验步骤宜按照 ISRM[13]进行。

NA.3.23 岩石膨胀试验

[BS EN 1997-2:2007,附录 V]

可使用附录 V。ISRM [13]描述了试验方法。根据 BS 1377-5:1990 + A1,该试验也适用于硬或坚硬的细粒土。

NA.3.24 岩石强度试验

[BS EN 1997-2:2007,附录 W]

除 W.1.1 条外,可使用附录 W。

W.1.1 所述试验宜按照 ISRM [15]或 ASTM D 7012-07 [16]或 ASTM D 5731-07[17]进行。

NA.3.25 参考文献

[BS EN 1997-2:2007,附录 X]

可使用附录 X。

NA.4 非矛盾性补充信息的参考文献

BS 5930:1999 + A1:2007,Code of practice for site investigations。[1)]

NA.5 参考文献

标准出版物

对于有日期标注的参考文献,仅引用的版本适用。对于无日期标注的参考文献,参考文件的最新版本(包括修订版)适用于本欧洲标准。

BS 812-124,*Testing aggregates-Part 124：Method for determination of frost-heave.*

BS 1377-1,*Methods of test for Soils for civil engineering purposes-Part 1：General requirements and sample preparation.*

BS 1377-2:1990 + A1:1996,*Methods of test for Soils for civil engineering purposes-Part 2：Classification tests.*

BS 1377-3,*Methods of test for Soils for civil engineering purposes-Part 3：Chemical and electro-chemical tests.*

[1)] 修订中,以移除替代信息和与 BS EN 1997-2 相冲突的所有文本。

BS 1377-4, *Methods of test for Soils for civil engineering purposes-Part 4: Compaction related tests.*

BS 1377-5:1990 + A1:1994, *Methods of test for Soils for civil engineering purposes-Part 5: Compressibility, permeability and durability tests.*

BS 1377-6, *Methods of test for Soils for civil engineering purposes-Part 6: Consolidation and permeability tests in hydraulic cells and with pore pressure measurement.*

BS 1377-7:1990 + A1:1994, *Methods of test for Soils for civil engineering purposes-Part 7: Shear strength tests (total stress).*

BS 1377-8:1990 + A1:1994, *Methods of test for Soils for civil engineering purposes-Part 8: Shear strength tests (effective stress).*

BS 1377-9:1990 + A2:2007, *Methods for test for Soils for civil engineering purposes-Part 9: In-situ tests.*

BS 5930:1999 + A1:2007, *Code of practice for site investigations.*

BS EN 1997-2:2007, *Eurocode 7-Geotechnical design-Part 2: Ground investigation and testing.*

BS EN ISO 22475-1, *Geotechnical investigation and testing-Sampling methods and groundwater measurements-Part 1: Technical principles for execution.*

DD CEN ISO/TS 17892-6, *Geotechnical investigation and testing-Laboratory testing of soil-Part 6: Fall cone test.*

DD CEN ISO/TS 22475-1, *Geotechnical investigation and testing-Sampling methods and groundwater measurements-Part 1: Technical principles for execution.*

DD CEN ISO/TS 22475-2, *Geotechnical investigation and testing-Sampling methods and groundwater measurements-Part 2: Qualification criteria for enterprises and personnel.*

DD CEN ISO/TS 22475-3, *Geotechnical investigation and testing-Sampling methods and groundwater measurements-Part 3: Conformity assessment of enterprises and personnel by third party.*

DD CEN ISO/TS 22476-11, *Geotechnical investigation and testing-Field testing-Part 11: Flat dilatometer test.*

CEN ISO/TS 17892-1, *Geotechnical investigation and testing-Laboratory testing of soil-Part 1: Determination of water content*[2].

---

[2] 在英国不适用。

CEN ISO/TS 17892-2, *Geotechnical investigation and testing-Laboratory testing of soil-Part 2: Determination of density of fine-grained soil*[2].

CEN ISO/TS 17892-3, *Geotechnical investigation and testing-Laboratory testing of soil-Part 3: Determination of particle density-Pycnometer method*[2].

CEN ISO/TS 17892-4, *Geotechnical investigation and testing-Laboratory testing of soil-Part 4: Determination of particle size distribution*[2].

CEN ISO/TS 17892-5, *Geotechnical investigation and testing-Laboratory testing of soil-Part 5: Incremental loading oedometer test*[2].

CEN ISO/TS 17892-7, *Geotechnical investigation and testing-Laboratory testing of soil-Part 7: Unconfined compression test on fine-grained soil*[2].

CEN ISO/TS 17892-8, *Geotechnical investigation and testing-Laboratory testing of soil-Part 8: Unconsolidated undrained triaxial test*[2].

CEN ISO/TS 17892-9, *Geotechnical investigation and testing-Laboratory testing of soil-Part 9: Consolidated triaxial compression tests on water saturated soil*[2].

CEN ISO/TS 17892-10, *Geotechnical investigation and testing-Laboratory testing of soil-Part 10: Direct shear tests*[2].

CEN ISO/TS 17892-12, *Geotechnical investigation and testing-Laboratory testing of soil-Part 12: Determination of Atterberg limits*[3].

prEN ISO 22476-9, *Geotechnical investigation and testing-Field testing-Part 9: Field vane test*[4].

其他出版物

[1] International Society for Soil Mechanics and Geotechnical Engineering (ISSMGE). International reference test procedure for the cone penetration test (CPT) and the cone penetration test with pore pressure (CPTU). Report of ISSMGE Technical Committee on ground property characterisation from in-situ testing. Proc. XIIth ECSMGE, pp 2195-2222. Rotterdam: Balkema, 1999.

[2] Lunne, T., Robertson, P. K. and Powell, J. J. M. *Cone penetration testing in geotechnical* practice. Abingdon, Routledge, 1997.

[3] Clarke, B. G. *Pressuremeters in geotechnical design*. London: Blackie Academic and Professional, 1994.

---

[3] 在英国不适用。

[4] 文件正在准备中。

[4] Baguelin, F., Jezequel, J. F. and Shields, D. H. *The Pressuremeter and Foundation Engineering*. Clausthal-Zellerfeld, Germany: Trans Tech Publication, 1978.

[5] Hepton, P. and Gosling, D. *The Standard penetration Test in the UK after Eurocode 7: Amendment to BS 1377: Part 9: 1990, Ground Engineering, 2008*. Volume 41; Number 11, pp 16-21.

[6] Clayton, C. R. I. *The standard penetration test (SPT): methods and use. Report 143*. London: CIRIA, 1995.

[7] Menzies, B. K. and Simons, N. E. *Stability of embankments on soft ground. Developments in Soil Mechanics 1*. London: Applied Science Publishers Ltd., 1978.

[8] Clayton, C. R. I., Simons, N. E. and Matthews, M. C. Site In*vestigation*. London: Granada, 1982.

[9] International Society for Soil Mechanics and Geotechnical Engineering (ISSMGE). Marchetti S., Monaco, P., Totani, G. & Calabrese, M. *The Flat Dilatometer Test (DMT) in soil investigations*. A Report by the ISSMGE Committee TC16. Proc. IN SITU 2001, Int. Conf. On In-situ Measurement of Soil Properties, Bali, Indonesia: 2001.

[10] Head, K. H. Manual *Of Soil Laboratory Testing / Soil Classification And Compaction Tests Pt. 1*. ThirdEdition. Dunbeath: Whittles Publishing, 2008.

[11] Head, K. H. and Keeton, P. *Manual of Soil Laboratory Testing: Permeability, Shear Strength and Compressibility Tests Pt. 2*. Dunbeath: Whittles Publishing, 2009.

[12] Building Research Establishment (BRE). Special Digest 1: Third Edition. *Concrete in aggressive ground*, Watford: BRE, 2005.

[13] International Society for Rock Mechanics (ISRM). *Suggested Methods for Rock Characterization, Testing and Monitoring*. Ed. E. T. Brown. Oxford: Pergamon Press, 1981.

[14] ASTM D 4543-08. *Preparing Rock Core Specimens and Determining Dimensional and Shape Tolerances*. ASTM Volume 04.08 Soils and Rock. Philadelphia, USA: American Society for Testing and Materials, 2008.

[15] International Society for Rock Mechanics (ISRM), Suggested Methods for Determining Point Load Strength. International Society for Rock Mechanics, Mining Sciences and Geomechanical Abstracts, 1985, Vol. 22, 2, pp52-60.

[16] ASTM D 7012-07. *Standard Test Method for Compressive Strength and Elastic Moduli of intact Rock Core Specimens under Varying States of Stress and Temperature. ASTM Volume* 4. 09 *Soil and Rock II.* Philadelphia, USA, American Society for Testing and Materials, 2009.

[17] ASTM D 5731-07. Standard Test Method for Determination of the Point Load Strength Index of Rock and Application to Rock StrengthClassification. *ASTM Volume* 04. 08 *Soils and Rock.* Philadelphia, USA, American Society for Testing and Materials, 2008.

更多书目

Site Investigation Steering Group. Site Investigation in Construction, Part 2, Planning, procurement and quality management. London: Thomas Telford, 1993[5].

Head, K. H. Manual of soil laboratory testing. Vol. 2. *Permeability, shear strength and compressibility tests.* Second edition. London: Pentech Press, 1994.

---

[5] 2010 年修订。